LES PROPRIÉTAIRES

[illegible] COMMUNAL,

[illegible] du Compteur.

A

MESSIEURS LES PROPRIÉTAIRES

DE

BIENS-FONDS EN GÉNÉRAL,

ET SPÉCIALEMENT

AUX

Propriétaires de Troupeaux;

Par M. le Comte de Polignac,

MEMBRE DU CONSEIL ROYAL D'AGRICULTURE.

PARIS,

Madame HUZARD (née VALLAT LA CHAPELLE), LIBRAIRE,
RUE DE L'ÉPERON, N°. 7.

1829.

A

MESSIEURS LES PROPRIÉTAIRES

DE

BIENS-FONDS EN GÉNÉRAL,

ET SPÉCIALEMENT

AUX

PROPRIÉTAIRES DE TROUPEAUX.

MESSIEURS,

Vous sollicitez et attendez de la justice du Gouvernement des mesures administratives et légales qui terminent vos trop longues souffrances; vous ne pouvez vous dissimuler que vous avez contre vous de puissans adversaires, mais la vérité me paraît plaider si fortement en votre faveur, qu'elle doit naturellement finir par gagner sa cause, et je crois que vous pouvez l'espérer.

Pour atteindre ce but, le moment me paraît arrivé, Messieurs, de résumer cette immense contestation dans les seuls faits capitaux qui doivent finir par la décider, et je vais essayer de m'en acquitter avec cette droiture et

1.

cette rigoureuse impartialité qui doivent toujours guider la plume d'un honnête homme.

A la suite du renvoi de la Pétition que j'eus,
l'année dernière, l'honneur de présenter aux
Chambres, des informations en forme d'enquêtes furent, le 6 juin suivant, ordonnées par
S. Ex. M. le Ministre de l'intérieur auprès de
tous nos départemens et conseils généraux, à
l'effet de connaître la position exacte des propriétaires de troupeaux.

Ces informations ont tourné à votre avantage ; chacun de vous peut s'en convaincre par
ce qui s'est passé dans la province qu'il habite.
Je ne connais jusqu'ici que deux départemens
qui , par des circonstances particulières qu'il
me conviendrait peu de rechercher, aient cru
pouvoir combattre vos doléances, et il en est
aussi plusieurs qui sont demeurés neutres,
soit, ont-ils dit, parce qu'ils possèdent fort peu
de troupeaux, soit parce qu'ils ont déjà aban-
donné les mérinos, en raison de la baisse des
laines, soit enfin parce que ces animaux ne
réussissaient pas dans leurs contrées.

Ce fort petit nombre de départemens étant
excepté, leur masse entière réclame, comme
vous, Messieurs, des mesures qui fassent remon-
ter le prix de nos laines ; faute de quoi, disent-
ils, *cette branche d'industrie sera détruite*, et

dans le nombre des Mémoires rédigés à ce sujet par les Autorités consultées, il s'en rencontre d'aussi forts en principes et en faits articulés, qu'ils m'ont paru puissamment raisonnés.

Vous pourriez donc exciper dès aujourd'hui du vote émis en faveur de vos réclamations par les trois quarts de la France. C'est dans cet état des choses que nous sommes à la veille de comparaître devant nos juges, et attendu l'espèce de rôle que les circonstances m'ont distribué dans cette affaire, je crois qu'il est de mon devoir de vous faire connaître quelles ont été mes dernières mesures défensives, comme aussi mes opinions sur la condition toujours périlleuse dans laquelle se trouve notre agriculture.

Nos adversaires, Messieurs, sont doués d'une inépuisable persévérance. Ils voudraient absolument persuader

1°. Que votre administration est trop dispendieuse ;

2°. Que vos laines manquent de la finesse indispensable pour produire de la belle draperie.

Ils en concluent la nécessité de la libre introduction et disent que vous devez commencer par améliorer vos laines, faute de quoi vous n'avez aucun droit de vous plaindre.

Cependant et déjà, dans une première réplique que j'ai fait distribuer aux Chambres en février dernier, sous le titre de *Rapport au Conseil royal d'agriculture*, etc., je me suis spécialement attaché à rétorquer la captieuse prodigalité dont on inculpait notre administration en général; j'ai plus particulièrement exposé la mienne jusque dans ses plus minutieux détails; j'ai postulé en même temps une enquête sévère dans toutes nos provinces, touchant la dépense indispensable et forcée qu'entraînent nos troupeaux; enfin, j'ai agi comme le fait tout homme de bonne foi lorsqu'il se croit certain de ce qu'il avance. J'ai même porté le défi à qui que ce fût de justifier par écrit une administration plus économique que ne l'est la mienne, à moins qu'il ne s'y joignît d'autres combinaisons commerciales, ou bien des parcours quelconques qu'on n'y compterait pour rien; lesquels cas exceptés, je répète qu'on ne rencontrera pas, dans un rayon de trente à quarante lieues autour de Paris (cercle au milieu duquel se trouvent renfermés les trois quarts des mérinos et métis français), une administration moins onéreuse que celle par moi pratiquée, et si je suis dans l'erreur, j'attends avec impatience que MM. les économistes veuillent bien me confier leurs secrets, que je désire posséder.

J'ignore si nos adversaires commencent à s'a-

(7)

percevoir que ce terrain, bien étudié, pourrait
leur devenir moins avantageux ; mais toujours
est il que, depuis lors, ils sont, à ce sujet, de-
venus infiniment plus sobres de déclamations, et
se retranchent dans une doctrine beaucoup plus
difficile à réduire, parce qu'elle réunit à une in-
finité de prestiges quelques faits positifs fort écla-
tans, qui séduisent nécessairement les personnes
étrangères à l'étude complète de cette branche
d'industrie, et raison pour laquelle il importe
singulièrement de les approfondir si nous vou-
lons en triompher.

Voici quels sont ces prestiges. On nous dit :
« Si les meilleures laines françaises ne se ven-
» dent pas aujourd'hui plus de 3o sous la livre
» en suint, tandis que celles de Saxe ou de Naz
» se placent à quatre francs la livre, *ce seul fait*
» constate leur immense supériorité ; car il est
» bien constant que ce n'est ni par générosité
» ni par esprit de parti que le commerce, ainsi
» que nos fabriques, y mettent cette différence :
» de telle sorte qu'il suffit pour juger la ques-
» tion et dispense des autres preuves. »

J'espère que tel est bien l'argument présenté
dans toute sa force, et qu'on ne m'accusera pas
de chercher à l'éviter : aussi ne dissimulerai-je
pas qu'il m'en a imposé à moi-même pendant
fort long-temps, en sorte que je trouve tout

simple qu'il captive au premier abord de nombreux suffrages; mais j'y ai déjà opposé certains raisonnemens que je vais répéter; après quoi, j'y joindrai quelques preuves que je viens enfin d'acquérir et que j'attendais avec une très vive impatience.

Daignez, Messieurs, m'accorder votre entière attention; c'est une faveur dont j'ai besoin, et elle peut aussi vous devenir utile à vous-mêmes, quelle que soit la part que vous auriez à prendre dans cette grande question. Je dis :

Toutes les choses commerciales ont deux valeurs très distinctes, savoir :

Valeur intrinsèque, valeur de besoins spéciaux et de rareté : et, par exemple, touchant les laines fines : s'il est universellement reconnu, notamment par M. Ternaux, que la Saxe ne fournit pas en suint plus de cent cinquante à cent soixante mille kilogrammes de primes électorales; s'il est constant que le commerce étranger les partage avec nous, elle ne nous en offre donc que soixante-quinze mille.

Ainsi, il existe évidemment rareté de l'espèce, et dès lors il devient tout simple que cette espèce, ne fût-elle même pas préférable dans son ensemble, ait une valeur courante deux et trois fois supérieure, par cette seule raison que la quantité manque, et qu'elle est en même temps la seule qualité qui convienne à certains emplois déterminés. Or, il n'y a rien là d'humiliant pour personne ; il n'y a que valeur de circonstance, valeur qui tomberait à l'instant même où la propagation serait augmentée d'une manière un peu sensible par la quantité de l'espèce.

En principe, le prix de toutes les marchandises s'avilit par la concurrence des vendeurs, comme il se soutient par la disette des matières ; mais vienne l'abondance, et toutes reprendront leur niveau ; il n'existe rien là qui détermine une supériorité intrinsèque ; il y a plus, c'est qu'il serait encore infiniment possible qu'on n'eût essentiellement aucun besoin de la matière qui se trouve temporairement la plus favorisée, tandis qu'il serait impossible de se passer de celle instantanément délaissée, et que cette faveur prolongée appartînt autant aux habitudes établies et à tel genre de travail adopté, qu'au mérite réel de la production primitive.

Cette réplique a toujours parlé à ma raison ; il y a quinze ans que j'en professe publiquement la doctrine, la croyant utile à la France, et une comparaison bien simple pourrait démontrer qu'elle n'est pas sans quelque fondement. Par exemple, n'est-il pas vrai que nous payons 10

et 15 sous la livre le beau chasselas de Fontainebleau, tandis que le raisin cueilli dans la Côte-
d'Or s'y paie à peine 2 sous la livre ? En con-
clura-t-on qu'il faut arracher les vignes de la
Côte-d'Or pour y transporter le chasselas de
Fontainebleau, qui produira nécessairement de
beaucoup meilleur vin, puisque le raisin en est
six fois plus cher ? Je ne sache pas que cette
idée ait encore trouvé beaucoup de prosélytes,
et il me paraîtrait que cette comparaison dé-
finit assez exactement ce qui se passe à l'égard
de nos laines ; car c'est toujours du raisin, comme
c'est toujours de la laine.

Connaissant cependant, Messieurs, combien
d'esprits sont naturellement enclins à se laisser
entraîner par les apparences et à s'éviter la
peine d'approfondir, surtout lorsqu'ils se trouvent enveloppés dans le tourbillon de sophismes
artistement ménagés, je jugeai, dès le mois
d'août dernier, qu'il viendrait un moment où
les preuves palpables deviendraient indispensables à joindre aux argumens de la raison, et
désirant aussi m'assurer par moi-même, avant
de trop m'avancer, quelles étaient finale-
ment les capacités effectives de nos primes françaises extrafines ; voulant enfin m'assurer si nos
meilleures et diverses fabriques en porteraient
le même jugement, je fis proposer à deux ho-

norables maisons, l'une de Sedan (MM. Nicolas Raulin père et fils), l'autre de Louviers et d'El-beuf (MM. Chefdrue et Chauvreulx), d'accepter la quantité de mes primes extrafines dont elles auraient besoin pour confectionner un certain nombre de pièces de draps, auxquelles je leur demandais seulement d'apporter tous les soins qu'exigeaient des vérifications aussi essentielles.

Ces maisons acceptèrent mes propositions avec autant d'obligeance qu'elles me parurent même y attacher des sentimens français, en sorte que, plein de confiance dans la valeur intrinsèque de mon troupeau, j'annonçai aussitôt que j'allais enfin réaliser, pour mon instruction, les mêmes expériences que j'avais vainement sollicitées depuis sept ans comme objet d'utilité générale.

Je savais, depuis quelque temps, qu'elles promettaient de bien réussir ; mais la prudence de ces fabriques leur ayant interdit de s'en expliquer catégoriquement, parce que leurs draps n'étaient point assez avancés pour en porter leur jugement définitif, tandis qu'il importait à ma position de le connaître pour y mesurer mes allocutions et ma conduite, je les ai enfin priés dernièrement de m'éclairer un peu davantage, et je vais, Messieurs, avoir l'honneur de vous communiquer leur réponse, après que j'aurai préalablement placé sous vos yeux le jugement personnel de M. Ternaux sur la qualité de nos laines françaises.

Voici ce que M. Ternaux, alors député de la Seine, en disait à la Chambre des députés, le 29 avril 1820 : Discours imprimé, dans lequel se lit, page 18, un paragraphe qui s'accorde si merveilleusement avec vos intérêts comme avec ce qu'en disent aujourd'hui nos meilleures fabriques, qu'il faudrait, ce me semble, avoir fait vœu de cécité pour ne pas reconnaître que les apparences les plus séduisantes, que même le prix temporaire des choses ne suffisent pas toujours pour constituer un principe, encore bien moins pour se déterminer légèrement à dénaturer des propriétés acquises ; et vous saurez aussi que M. Ternaux voulait alors empêcher que les propriétaires de troupeaux français eussent la faculté de vendre leur récolte à l'étranger ; il désirait se réserver nos laines ; et il invoquait en conséquence la prohibition, contre laquelle il s'élève aujourd'hui avec tant de force.

Il disait donc : « Il est également bon de re-
» marquer que les laines mérinos *de France*
» sont les plus favorables pour faire *de la bonne*
» *draperie ; plus fortes, plus nerveuses* que
» celles de Saxe, elles le sont moins que
» celles d'Espagne ; *plus fines, plus moelleuses*

» que ces dernières, elles le sont moins que
» les laines de Saxe mérinos, et qu'ainsi elles
» sont *plus susceptibles que toutes les autres de
» se prêter à toutes les combinaisons manu-
» facturières*. Voilà ce qui explique pourquoi,
» tandis qu'il entre en France des laines fines
» d'un côté, il en sort de l'autre; si elles n'a-
» vaient pas *cette propriété particulière*, elles
» ne passeraient pas nos frontières, alors même
» que la sortie en serait permise, puisqu'il en
» entre encore davantage de celles qui s'em-
» ploient en concurrence avec elles, etc., etc. »

Tels sont les principes que proféssait M. Ternaux en 1820; et voici maintenant ce qu'en disent MM. Nicolas Raulin père et fils en 1829.

« Sedan, le 12 mars 1829.

» MONSIEUR ,

» Nous avons l'honneur de vous faire part
» que nous allons adresser à notre maison de
» Paris une balle qui renfermera les trois pièces
» de draps produites par la laine de votre trou-
» peau, dont vous nous avez confié la fabrica-
» tion.

» Elle consiste en

» Une pièce, drap bleu, teint en laine, cinq
» quarts ;
» Une pièce, drap noir, quatre tiers ;

» Demi-pièce, drap écarlate, cinq quarts;

» Demi-pièce, drap cramoisi, cinq quarts.

» Nous sommes certains, Monsieur, et nous
» le soutiendrons à la face de l'univers, que
» ces draps ne devront rien laisser à désirer
» dans leur fabrication, qui a été merveilleuse-
» ment servie par la perfection de la matière
» première.

» L'examen le plus sévère et toute compa-
» raison ne pourront que prouver que, si une
» matière première semblait donner encore
» plus de douceur, ce ne pourrait être sans
» une tendance vers la mollesse.

» Nous portons défi à celui qui ne conviendra
» pas que cette nature de laine perfectionnée
» est réellement celle dont l'emploi convient le
» mieux pour la draperie.

» En effet, et les draps sauront le prouver
» aux yeux et à l'examen le plus sévère d'un vrai
» connaisseur impartial *et surtout désintéressé;*
» car ils possèdent toute la douceur qu'il soit
» possible d'allier avec le nerf et le soutien
» indispensables. Il serait possible aux consom-
» mateurs surtout de se convaincre que, tout en
» mettant le plus haut prix aux draps dont ils
» peuvent être vêtus, ils reconnaîtraient facile-
» ment, dans ceux que nous allons vous envoyer,
» une qualité à la supériorité de laquelle ils ne

» pourraient s'empêcher de rendre toute jus-
» tice.

» Au surplus, et vous ne tarderez pas à en
» acquérir la preuve, les draps, mieux encore
» que tout ce que nous pourrions dire, prouve-
» ront d'une manière péremptoire la vérité de
» toutes les assertions en leur faveur.

» Dans l'attente de faire l'envoi à notre mai-
» son, qui s'empressera de vous prévenir de
» leur arrivée, nous avons l'honneur d'être,

» Monsieur le Comte,

» Vos très humbles et très obéissans
» serviteurs,

» Nicolas RAULIN père et fils. »

---

*Autre réponse de MM. Chefdrue et Chauvreulx
sur le même sujet.*

« Elbeuf, le 16 mars 1829.

» A Monsieur le Comte de Polignac, à Paris.

» Monsieur le Comte,

» Nous possédons les deux lettres que vous
» nous avez fait l'honneur de nous adresser à la
» date des 14 et 15 courant, et nous nous em-
» pressons d'y répondre.

» Nous commencerons par vous dire que ja-
» mais opinion ne nous a paru plus juste et

» plus fondée que celle que vous citez et qu'a
» prononcée M. Ternaux, le 29 avril 1820 ; nous
» la partageons entièrement, et nous sommes
» tout prêts à la soutenir hautement, *n'enten-*
» *dant pas cependant aller au delà*, parce que
» nous sommes intimement convaincus qu'il a dit
» précisément tout ce qu'il y avait à dire sur nos
» laines françaises. L'expérience que nous venons
» de faire avec vos laines est venue ajouter à notre
» conviction et la fixer entièrement. En effet,
» nous avons travaillé votre laine extraprime
» d'après nos principes ordinaires de fabrica-
» tion ; deux pièces ont subi une modification,
» c'est à dire que nous avons maintenu ces
» deux pièces plus fortes et plus nerveuses que
» nos produits ordinaires : il en est résulté que
» les pièces fabriquées dans notre système ont
» obtenu toute la souplesse et le moelleux qu'il
» est possible de désirer dans un drap, et que les
» deux autres joignent à cette souplesse et à ce
» moelleux un peu plus de nerf et de force.

» Comme nous avions connaissance du choix
» que vous aviez fait de MM. Nicolas Raulin
» père et fils, de Sedan, nous n'avons pas hé-
» sité à suivre la marche que nous avons préfé-
» rée, dans la persuasion où nous sommes que
» ces messieurs eux-mêmes ont travaillé d'a-
» près les principes qui leur servent ordinaire-

» ment de base , en sorte que leur fabrication et
» la nôtre doivent faire ressortir entièrement
» les deux qualités de votre laine, et que les deux
» pièces modifiées chez nous serviront naturel-
» lement de transition à l'un et à l'autre produit.

» Nous pensons donc positivement que la
» laine française est susceptible de toute la dou-
» ceur et de tout le moelleux désirables dans
» un drap, et qu'elle luttera toujours *avec*
» *avantage* contre toute matière première de
» *qualité égale ;* nous ajouterons que cette laine
» produit le genre de draperie le plus propre à
» la consommation générale , mais nous devons
» vous expliquer ici pourquoi *nous n'irions pas*
» *au delà de l'opinion de M. Ternaux :* c'est
» qu'il existe en Saxe une qualité supérieure
» *qu'aucune laine française n'égale,* et que
» cette laine nous manque absolument. Mal-
» heureusement nous ne pouvons pas espé-
» rer de la trouver chez nous ; car au contraire,
» depuis cinq ou six ans, les propriétaires fran-
» çais de troupeaux mérinos les ont tellement
» négligés que votre laine est peut-être restée la
» seule qui ait conservé le degré de perfection
» où nous étions précédemment arrivés, au
» point qu'aucune des primes françaises qui
» nous ont été présentées n'ont pu soutenir la
» moindre comparaison.

» Vous nous demandez ensuite de vous don-
» ner, d'une manière positive, notre opinion
» sur les comparaisons qu'on peut établir entre
» les laines *française* et *saxonne*, nous vous di-
» rons, à cet égard, que nous ne serons à même
» de vous répondre positivement que sous
» quelques mois, parce que, pour le faire d'une
» manière consciencieuse, il faut avoir étudié
» les deux laines à fond et spécialement.

» Depuis que vous nous avez chargés de vos
» essais, et surtout d'après vos lettres, nous
» nous sommes livrés à cet examen. Nous avons
» donc acheté tout ce qu'il y avait de plus beau
» en prime électorale saxonne; nous nous
» sommes procuré une balle du troupeau de
» Naz, et nous nous appliquons à la fabrication
» de ces différentes laines, de manière à être
» fixés si positivement, que lorsque cette dis-
» cussion sera sur le tapis, si nous étions ap-
» pelés à émettre notre opinion, nous pour-
» rions le faire sans craindre d'être démentis
» sur aucun point. Nous employons la laine de
» Saxe avec toutes espèces de modifications,
» pure et mélangée avec la laine française; nous
» serons donc à même de vous donner tous les
» renseignemens qui vous seront utiles lors de
» la convocation du grand jury dont vous nous
» entretenez. Jusque-là, nous penchons forte-

(19)

» ment à croire avec vous *que l'excessive finesse*
» *tend à la mollesse, et que, toutes choses égales*
» *d'ailleurs, il faut un peu plus de laine saxonne*
» *que de votre laine pour confectionner une*
» *aune de drap et lui donner la même fermeté.*

» Quant à la laine de Naz, nous ne serions
» pas étonnés d'avoir à vous annoncer qu'elle
» n'arrivera pas à produire des draps aussi fins
» et aussi beaux que ceux faits avec votre
» laine, toutes les opérations faites jusqu'à pré-
» sent la laissent inférieure dans notre opi-
» nion.

» Vous nous proposez d'expédier les draps
» que nous confectionnons à l'un de nos corres-
» pondans, nous pensons qu'il serait peut-être
» préférable de les adresser directement, s'il
» est possible, au jury auquel ils y seront sou-
» mis : de cette manière, on évitera que les
» draps perdent de leur fraîcheur, et d'ailleurs
» l'identité en sera plus positive. Ils y resteront
» pour être jugés par le jury solennel que vous
» devez solliciter, et nous acceptons avec grand
» plaisir la mission de les défendre lorsqu'il en
» sera temps.

» Notre conviction intime est que ces draps
» établiront très clairement une perfection
» dont sont susceptibles nos laines françaises,
» telle qu'elle ne peut être surpassée que par

2.

» quelques laines saxonnes, *en très petite quan-*
» *tité et d'un besoin peu répandu*, nous sou-
» tiendrons cette opinion devant qui que ce
» soit, et nous ne redoutons même pas de con-
» tradicteurs.

» Nous pensons, comme vous, qu'un commis
» sera nécessaire à leur conservation pendant
» l'exposition, et c'est lorsqu'elle sera finie que
» nous vous désignerons le correspondant au-
» quel ces draps devront être remis ; nous pen-
» sons bien que ce sera à la personne même
» qui les aura achetés, et vous pouvez compter
» d'avance qu'il ne manquera pas d'acquéreurs
» parmi les premières maisons de Paris.

» Nous sollicitons par avance l'honneur d'être
» chargés des nouvelles expériences qui seront
» faites, et nous vous dirons : *Nous aussi nous*
» *sommes sûrs de votre troupeau*, et nous sommes
» sûrs d'en obtenir des résultats d'autant plus
» beaux que, malgré la fabrication d'hiver et en
» employant ses produits pour la première fois,
» nous ne vous en fournirons pas moins des
» draps qui satisferont entièrement votre at-
» tente.

» Notre sieur Chefdrue arrivera à Paris lundi
» dans la journée ; il se propose d'avoir l'hon-
» neur de vous voir. Voulez-vous avoir la com-
» plaisance de lui indiquer l'heure qui vous sera

» la plus convenable pour le recevoir. Il des-
» cend, rue d'Orléans-Saint-Honoré, n°. 17 ; en
» attendant, recevez, Monsieur le Comte, l'as-
» surance des sentimens très distingués avec
» lesquels nous avons l'honneur d'être

» Vos très humbles et obéissans
» serviteurs,

» *Signé* CHEFDRUE et CHAUVREULX. »

Des pièces que vous venez de lire, Messieurs,
résultent des faits de deux natures : les uns positifs, les autres au moins vraisemblables, et
qui me paraîtraient devoir captiver votre attention.

Je considère comme fait positif que les laines
françaises de tous nos bons troupeaux sont celles
qui procurent la meilleure draperie, et qu'elles
se prêtent mieux qu'aucune autre à toutes les
combinaisons commerciales ; je dis que ce fait,
proclamé à la tribune en 1820 et reconnu sans
division en 1829, mérite une attention d'autant
plus sérieuse, que si nous savons conserver et
améliorer sagement cette importante propriété ;
attendu que nous possédons aussi les meilleures
méthodes de fabrication comme les plus habiles
ouvriers, la supériorité intrinsèque de nos mar-

chandises étant bien administrée, il doit en dériver avec le temps des élémens de prospérité commerciale que des mains habiles sauront saisir et que rien ne pourra nous arracher, parce que la nature, toujours aussi immuable que constante dans ses opérations, nous con- serverait elle-même les avantages qu'il a plu à la Providence d'accorder au sol français.

Ainsi, attachons-nous donc d'abord à conser- ver ce que nous possédons encore.

Quant aux faits tout au moins vraisemblables, je les cherche, et crois, Messieurs, en trouver de très importans dans les spécifications articu- lées avec tant d'énergie dans les lettres que vous venez de lire ; car serait-il possible que des maisons aussi bien réputées, des fabriques aussi distinguées que celles qui les ont écrites, s'ex- primassent en termes aussi formels si elles n'é- taient pas certaines de pouvoir y mettre cette autorité, puisqu'elles disent :

« Nous soutiendrons devant l'univers.

» Nous portons défi à quiconque méconnaî- » tra.

» Si une matière première semblait donner » encore plus de douceur, ce ne pourrait être » sans une tendance vers la mollesse.

» Tel prix que le consommateur ait mis au » drap dont il peut être vêtu, il reconnaîtra

» facilement, dans ceux que nous allons vous
» envoyer, une supériorité à laquelle il ne
» pourra s'empêcher de rendre justice.

» Ces draps réunissent toute la douceur, la
» souplesse, la finesse, la force que l'on puisse
» désirer.

» Les laines extrafines de Saxe n'existent
» qu'en très petite quantité et sont *d'un besoin*
» *très peu répandu.*

» La laine française est susceptible de toute
» la force et de tout le moelleux désirables dans
» un drap.

» Elle luttera toujours *avec avantage* con-
» tre toute matière première de *qualité égale.*

» Les draps que nous allons vous envoyer
» établiront très clairement une perfection dont
» sont susceptibles nos laines françaises, telle
» qu'*elle ne peut être surpassée* que par quelques
» laines saxonnes, en très petite quantité.

» Nous soutiendrons ces opinions devant qui
» que ce soit, et nous ne redoutons même pas de
» contradicteurs.

» Nous sollicitons par avance l'honneur d'être
» chargés de nouvelles expériences.

» Nous ne serions pas étonnés d'avoir à vous
» annoncer que la laine de Naz n'arrivera pas à
» produire des draps aussi fins et aussi beaux
» que ceux faits avec votre laine.

» Toutes les opérations faites jusqu'à présent
» la laissent inférieure dans notre opinion. »

Combien de choses, Messieurs, dans ces deux lettres !

Néanmoins je n'en tirerai qu'une conclusion, dont j'espère que vous approuverez la sagesse, c'est celle qu'alors que des fabriques occupant un rang aussi distingué que celles dont je vous apporte les écrits s'expriment avec autant d'aplomb et d'énergie, en y ajoutant l'annonce des draps qui arriveront prochainement pour les en justifier ; quand elles expriment leur désir de venir soutenir ce qu'elles avancent, et réclament l'honneur d'être chargées des expériences successives, il paraîtrait indiqué qu'il convient de les entendre avant de donner pleine créance aux assertions contraires, et il devient alors indispensable de les confronter contradictoirement et sur pièces probantes.

J'y aperçois d'ailleurs d'autant plus de motifs, qu'un système d'amélioration générale, fondé sur d'aussi petits moyens que ceux que nous connaissons, atteindrait bien difficilement au but qu'on s'en propose. Or, ceci n'étant qu'une affaire de calcul se trouve soumis à des règles certaines, et c'est encore M. Ternaux dont les œuvres arrivent toujours à notre secours pour démontrer ce qu'il nous importe de constater. Par exemple, au mois de mai de l'année dernière 1828, M. Ternaux fit dresser et publier un état statistique approximatif de tous nos troupeaux français.

Il y détermina la valeur qu'il attribuait à leurs toisons, selon la classe à laquelle elles appartenaient, et voici quel fut son classement :

	Nombre des toisons.	Prix de la toison.	
Race superfine.	4,000	20 fr.	c.
Pure race mérinos . . .	160,000	11	
De 5e. et 6e. croisement.	340,000	9	
De 3e. et 4e. *id.*	1,400,000	8	
De 2e. et 3e. *id.*	2,200,000	7	
Un peu améliorés . . .	1,400,000	5	25
Ensemble des mérinos.	5,504,000		
Et, enfin, moutons indigènes	24,000,000	»	
Des deux natures. . . .	29,504,000	»	

D'où résulte que, dans ce système, nous avons à améliorer. . . . . 5,500,000 mér.

Et pour les améliorer. . 4,000

De manière que, l'agent améliorateur ne se trouvant point en proportion suffisante avec les besoins, il faudrait recourir aux secours étrangers; ce qui entraînerait plusieurs considérations préalables d'une solution assez em-

barrassante touchant les moyens d'exécution.
Par exemple :

Comment cette opération s'exécuterait-elle,
et par qui serait-elle conduite?

Quels sont ceux qui en feraient les frais?

A quel prix admet-on que pourraient reve-
nir ces béliers, et quelles sont les garanties que
l'on aurait de leurs qualités supérieures?

Dans quelle proportion numérique sup-
pose-t-on qu'il serait possible d'agir annuelle-
ment?

Est-on bien certain de trouver beaucoup de
propriétaires décidés à changer la nature de
leurs troupeaux, et surtout dans la classe fer-
mière, lorsque l'une des premières conditions
est de faire adopter de petits béliers à des
hommes armés de défiance, et qui n'apprécient
plus que la taille et la force des animaux, depuis que ce sont les seuls secours qui les assis-
tent encore un peu?

Admettons néanmoins que ces premières
difficultés soient vaincues, et, pour mieux apprécier l'ensemble de cette opération, agissons
même sur une échelle un peu grande, relative-
ment aux moyens qui s'aperçoivent. Adoptons,
par exemple :

1°. Qu'on se procurera mille béliers améliorateurs parfaitement sûrs;

2°. Que, toutes charges déduites, rendus sur place, ils ne coûteront que 100 écus la pièce à qui il appartiendra;

5°. Que les soumissions en sont faites d'avance;

4°. Et enfin qu'avec mille béliers de cette nature pouvant desservir 50,000 brebis, on possède en outre le consentement acquis des nombreux propriétaires auxquels ces 50,000 brebis appartiennent.

On conviendra qu'il serait difficile de se montrer plus conciliant, en sorte que, ces faits pleinement accordés, il ne s'agit plus que de calculer à charge et à décharge l'influence de cette opération sur les parties intéressées, comme d'en soumettre les suites à l'autorité des chiffres, qui est toujours inflexible.

La première chose positive que nous apercevions, c'est qu'en se hâtant d'exécuter, il y aurait à sortir, d'ici au mois d'août ou de septembre prochain, des poches de l'agriculture ou des caisses de l'État une première somme de 300,000 fr., qui passerait dans les mains des propriétaires de béliers améliorateurs ; arrangement qui pourrait sans doute leur convenir, mais qui du moins n'enrichirait pas pécuniairement notre agriculture en la présente année 1829.

Le second fait non moins évident, c'est que ces béliers ne fourniraient que des agneaux en 1830, lesquels ne rapporteraient leurs premières toisons qu'en l'année 1831, en sorte que cette année 1830 se passerait encore sans assistance effective, mais que, pour être conséquent, il faudrait acheter de nouveau mille béliers améliorateurs en 1830, et par conséquent dépenser nouvelle somme de 300,000 francs.

Arriverait enfin la récolte de 1831, dans laquelle on recueillerait la toison des premiers agneaux nés en 1830; et comme chacun sait qu'on obtient à peine, l'un dans l'autre, 80 toisons effectives d'une souche de 100 brebis portières,

Les 50,000 brebis emménagées en septembre prochain fourniraient donc, en 1831, la quantité de. . . . . 40,000 toisons.

Et, en 1831, il faudrait encore acheter mille béliers, qui coûteraient, pour la troisième fois, 300,000 fr.

Au moyen de ces opérations et en 1832, on recueil-

____

A reporter. . . . . 40,000 toisons.

Report. . . . 40,000 toisons.

lerait enfin (moins les mor-
talités) la quantité de. . . . 80,000 toisons,

Qui se composeraient des
secondes toisons des agneaux
nés en 1830, et de ceux nés
en 1831.

Ainsi, d'ici à la fin de la qua-
trième récolte, en comptant
l'année maintenant courante,
on aurait acquis,

Toisons du premier degré. 120,000,

Lesquelles ne seraient point une conquête
complète, mais seulement un échange fait entre 120,000 toisons, telles que nous les récol-
tons aujourd'hui, contre 120,000 toisons, dites
améliorées, du premier degré; et attendu
qu'elles auraient coûté soit aux particuliers,
soit au Gouvernement, une mise de fonds positive de 900,000 fr., il faudrait donc que, pour
se retrouver seulement au pair de ses débour-
sés (sans parler des intérêts de la mise de fonds),
cette amélioration eût élevé la valeur de chaque
toison de 7 fr. 50 c., et lui eût communiqué celle
de 18 fr. 50 c., au lieu de 11 fr., déterminée par
M. Ternaux; car 900,000 fr. divisés par 120,000
donnent 7 fr. 50 c. pour l'unité.

Or, je pense qu'il est permis de douter que M. Ternaux consentît à prendre cet engagement, qui d'ailleurs n'en ferait point encore une bonne affaire, à moins que nos bouchers ne prissent, ainsi que nos fermiers spéculateurs en gros, celui de payer aussi cher un fort petit mouton de cette espèce, qu'ils en achètent un gros de la nôtre.

En cette espèce, le laboureur est devenu très matériel, et l'effectif se présente ici d'une manière très équivoque, en sorte que le chiffre me paraît prouver incontestablement, qu'au lieu d'un secours pressant que postule l'agriculture, ce plan, un peu étudié, se réduit à lui proposer le nouveau sacrifice de sommes très importantes au profit exclusif des améliorateurs ; ce qui explique très parfaitement leur zèle pour les bons principes, mais aussi la tiédeur de ceux appelés à le payer.

D'ailleurs, Messieurs, ces premiers résultats ne seraient encore que le léger prélude de cette vaste combinaison ; car voici de nouveaux secrets que nous révèle l'expérience et que les chiffres nous confirment toujours.

Par exemple, l'expérience nous apprend :

1°. Que, terme moyen, on obtient à peine trois bonnes luttes du même bélier ; que, par conséquent, il faut toujours les renouveler par

tiers, en sorte que, quand les souches se mul-
tiplient, les renouvellemens deviennent très
onéreux.

2°. Que, pour changer une race quelconque
par voie de croisement, on ne peut employer
que des béliers de pure race, et jamais de métis, tels beaux qu'ils puissent être ; qu'il faut
au moins six générations successives pour ar-
river à se servir de ses propres béliers ; ce qui
obligerait de continuer à en acheter durant tout
au moins douze années consécutives, et même
d'en acheter encore de temps en temps pour
s'assurer la nouvelle race.

3°. Que, dans toutes les masses de bêtes à
laine, les brebis portières y existent dans la
proportion de 1 à 3, en sorte que si la France
possède, comme le dit M. Ternaux, 5,500,000
mérinos de tous les degrés, il doit s'y compter
1,833,333 brebis, qui sont le tiers du nombre,
et de façon que si on n'opérait que sur 50,000,
qui n'en sont pas la trente-sixième partie, et
d'ici à quatre ans que sur 200,000, qui n'en
seraient que la neuvième, cette proposition,
offerte comme secours, ne serait encore, dans
quatre ans, qu'une franche déception à l'égard
de la masse, qui resterait toujours dans le même
abandonnement.

Pour qu'il en fût autrement, il faudrait donc

agir en même temps sur la masse : or, cette pensée n'étant pas même proposable, ce projet, approfondi, n'est donc point un secours, et se réduit à une affaire particulière, qui demande de l'argent à notre agriculture, en même temps qu'elle déprécie ses produits actuels; ce qui est évident quand on y réfléchit.

Or, comment pourrait-on concilier d'aussi étonnantes propositions avec les faits publics que voici?

Toutes nos fabriques reconnaissent unanimement que la meilleure laine pour la draperie est celle de France; est la nôtre qui se prête le mieux *à toutes les combinaisons manufacturières*.

Elles conviennent, toutes, que les laines extra-fines de Saxe, supérieures aux nôtres, sont *en fort petite quantité*, et d'un besoin *peu répandu*.

Or, pourquoi sacrifierait-on la chose reconnue *la meilleure et qui est acquise*, à celle moins utile et d'un *besoin peu répandu?*

J'ai donc de la peine à croire (administrativement parlant) que cette proposition, mûrement réfléchie, soit jugée opportune.

Mais voulez-vous enfin, Messieurs, apprécier la témérité de ce système comme le vide relatif de ses propositions? Adressez-vous encore au Tableau de M. Ternaux.

Il vous constate que le nombre 4,000 prêche l'amélioration à celui de 5,500,000, en faisant, il est vrai, hommage à qui de droit de tous ses moyens matériels : en sorte que celui qui écoute peut apercevoir que l'un aura nécessairement beaucoup d'argent à recevoir, comme l'autre beaucoup à en donner ; ce qui constitue deux intérêts actuels entièrement opposés : de telle sorte qu'en se résumant en chiffres, si 4,000 est à 5,500,000 comme 1 est à 1,375,000, et si ces 1,375,000 doivent en être dépréciés du plus au moins dans l'opinion commerciale, il devient dès lors incontestable que ce projet, adopté, sacrifierait aux prétentions de l'*unité* les droits bien acquis de 1,375,000, puisqu'ils sont reconnus fournir la meilleure nature de laine pour la draperie.

Et nous ne disons pas même assez en parlant de 1,375,000 ; car la proportion de cette faveur serait encore bien plus forte, puisque nous n'avons traité ici que les intérêts des 5,500,000 mérinos : tandis qu'à leur suite se présentent 24,000,000 de bêtes de pays, qui réclament, comme nous, assistance et protection contre la baisse des laines ; moutons indigènes qui possèdent les mêmes droits que nous aux sollicitudes du Gouvernement, et qui ne sont pas plus en fonds que nous pour attendre.

Nous ne contestons pas, je le répète, le mérite d'une découverte qui nous enseigne la manière de produire une laine imitative de celle de Saxe ; mais puisqu'elle n'est utile (*qu'en fort petite quantité*), pourquoi la sortir de ses limites ?

Elle possède ses mérites particuliers, mais ils ne sont pas universels, et nous avons aussi les nôtres !

Si les laines de Saxe sont plus douces, plus fines, plus moelleuses, plus souples, les nôtres sont suffisamment fines et douces pour réaliser la plus belle draperie, et elles y joignent le nerf, la force et le soutien qui manquent à celles de Saxe : en sorte que si nos fabriques, qui professent ces principes *sans la moindre division*, doivent être consultées en masse dans une pareille contestation, il me semble qu'elles ne conseilleront jamais des projets aussi téméraires.

Nos productions sont naturelles ; elles s'obtiennent telles qu'elles sont dans toutes les localités, et le système qu'on nous propose d'adopter par préférence, n'est évidemment qu'une spéculation soumise à des règles particulières, qui sont incompatibles avec les pratiques rurales ; car cette spéculation exige des localités spéciales ou des régimes intérieurs, qui sont même quelquefois poussés bien loin : tels,

par exemple, que celui qui fut pratiqué par
M. le Préfet de la Marne à l'égard des deux béliers de *pure race Naz* et Naz croisé Beaulieu que
Sa Majesté a bien voulu me donner pour faire
des expériences, et qui, comme le justifie mon
Instruction écrite et signée, portant date du 12
juin 1827, établit incontestablement que ces
deux béliers « n'étaient jamais sortis de la berge-
» rie, qu'ils n'avaient jamais mangé d'avoine,
» qu'ils avaient été élevés avec environ deux li-
» vres et demie de bon foin par jour. »

Or, ce régime, que j'ai qualifié d'artificiel,
n'est certainement point économique, et il en-
traîne en outre de grands sacrifices sur le poids
matériel de l'animal, comme sur celui de la toison en suint.

Car, si cette toison en suint pèse beaucoup
moins et si proportionnellement elle rend 40
pour 100 de plus en blanc, ceci explique parfaitement pourquoi son poids en suint vaut davantage et diminue d'autant les prestiges du prix
nominal.

Par exemple, si cette toison qu'on nous con-
seille d'acquérir vaut 20 fr., et si on a du moins
la bonté d'accorder aux nôtres celle de 11 fr.,
il en résulte un compte à faire; et c'est celui
de nous prouver que notre toison actuelle va-
lant 11 fr., et notre fort mouton se payant chez

le boucher au moins 10 fr. plus cher, sans parler
du parc et des engrais plus considérables qu'il
fournit au laboureur, ne compensent pas les per-
tes qu'ils occasionent; en sorte que ces prétentions, admises officiellement, nous paraîtraient
plutôt une mesure un peu arbitraire qu'elle ne
serait administrative, car elle produirait sur notre agriculture en masse tous et les mêmes effets
du funeste décret du 8 mars 1811. D'ailleurs,
nous n'ignorons rien de ce que ce système pré-
tend nous enseigner, il n'est point un principe,
ce n'est qu'une simple spéculation, qui demeu-
rera plus ou moins avantageuse à ceux qui l'auront adoptée les premiers, mais qui tomberait à
l'instant même où elle se généraliserait.

Ce système est si peu l'œuvre de la nature
et si positivement artificiel, qu'on en obtiendra
la preuve par tel troupeau que l'on voudra choi-
sir, qu'il soit mérinos ou bêtes de pays; car
que ce troupeau soit partagé en deux portions
parfaitement égales, que l'une des moitiés soit
administrée selon les usages reçus, et l'autre
selon le nouvel enseignement, il y aura, dès la
première année, différence notable dans les produits, et si l'on poursuit ce régime, les deux
troupeaux n'auront plus la moindre ressem-
blance au bout de quelques années. C'est opérer
par artifice ce que produit la nature par les ma-

ladies ; car la toison des bêtes malades est toujours plus fine que celle des animaux bien por-
tans. La seule différence est que ce régime n'at-
taque pas le fond de la santé ; mais il arrête la
nature et l'empêche de se développer, parce
qu'elle n'est pas suffisamment servie.

Je ne pousserai pas plus loin, Messieurs, cette
démonstration, qui sera, je le crois, reçue avec
acclamation par l'universalité des agriculteurs,
si nous en exceptons ceux intéressés à nous con-
vertir, ou les spéculateurs en laines partisans de
la libre introduction, dont ce système favorise
éminemment les doctrines, en leur fournissant
le prétexte de la différence qui existe entre le
prix de nos deux laines, qui ne tient pas, je le
repète, au mérite d'ensemble, mais uniquement
à la valeur accidentelle de la chose rare contre
celle qui abonde.

J'ai pensé qu'une discussion de cette nature,
dans laquelle les vérités les plus palpables sont
sacrifiées depuis plusieurs années aux sophismes
les plus fatigans, ne pouvait être jugée que par
des produits réalisés. Je vais prochainement
soumettre les miens à l'examen public, et je de-
manderai d'itératives expériences contradictoi-
res, ce qui constatera du moins ma conviction.
Puissent mes efforts persévérans, Messieurs,
obtenir pour nous une meilleure fortune, puis-

que ce serait une étrange récompense à donner à notre agriculture, qui a travaillé avec succès depuis quarante ans à fournir à la France ce qu'elle lui demandait (et surtout après des enquêtes qui l'ont remuée tout entière), que de ne lui offrir pour seule consolation que les prétendus bénéfices de l'amélioration, qui se résument à exiger d'elle de l'argent et des actes d'humilité.

Je crois qu'il vous serait infiniment avantageux de confirmer mes preuves en y ajoutant les vôtres. Bien que berger, je n'ai pas l'honneur d'être sorcier, et suis convaincu qu'il existe une foule de troupeaux en état d'en fournir de semblables; je ne saurais donc trop vous engager à y réfléchir.

Les laines sont de nouveau en baisse; elle est plus forte que jamais, la nouvelle récolte qui va s'y joindre ne peut que la confirmer, et si d'aussi nombreuses et respectueuses représentations n'étaient accueillies et suivies que du conseil d'améliorations, il ressemblerait plutôt à une épigramme qu'à une preuve d'intérêt en votre faveur.

J'ai exprimé mon opinion depuis long-temps, elle ne variera pas : j'estime qu'une loi analogue à celle qui nous gouverne pour les céréales est la seule mesure qui, dans l'état actuel de cette contestation, puisse remédier au mal et rétablir l'équilibre indispensable; mais si cette matière n'est point encore suffisamment approfondie pour que le législateur en prononce, au moins l'est-elle assez pour qu'il n'ignore pas combien vous souffrez, et ne fût-ce que politiquement, peut-il être essentiel que le Gouvernement indique qu'il est déterminé à vous soulager.

Je penserais donc que le moment arrivant où, à l'occasion du budget, il sera nécessairement question des laines, vos représentans à la Chambre, instruits, ou pouvant l'être, des vœux de nos départemens, invitassent le Gouvernement à vous donner un signe authentique de sa bienveillance, en prenant quelques mesures provisoires, qui vous protégeraient, ranimeraient votre courage et ralentiraient du moins la destruction : tels sont mes vœux, comme les conclusions, que j'ai l'honneur de vous soumettre.

Et j'ai celui d'être,

Messieurs,

Votre très humble et très obéissant serviteur,

Le Comte DE POLIGNAC.

Imprimerie de Madame HUZARD (née VALLAT LA CHAPELLE), Rue de l'Éperon-Saint-André-des-Arts, n°. 7.

[illegible]
[illegible]
[illegible]

www.ingramcontent.com/pod-product-compliance
Ingram Content Group UK Ltd.
Pitfield, Milton Keynes, MK11 3LW, UK
UKHW020053100726
13658UKWH00004B/1730